BEI GRIN MACHT SICH IHR WISSEN BEZAHLT

- Wir veröffentlichen Ihre Hausarbeit, Bachelor- und Masterarbeit

- Ihr eigenes eBook und Buch - weltweit in allen wichtigen Shops

- Verdienen Sie an jedem Verkauf

Jetzt bei www.GRIN.com hochladen und kostenlos publizieren

Bibliografische Information der Deutschen Nationalbibliothek:

Die Deutsche Bibliothek verzeichnet diese Publikation in der Deutschen National-
bibliografie; detaillierte bibliografische Daten sind im Internet über http://dnb.d-
nb.de/ abrufbar.

Impressum:

Copyright © 2017 GRIN Verlag
Druck und Bindung: Books on Demand GmbH, Norderstedt Germany
ISBN: 9783668647039

Dieses Buch bei GRIN:

https://www.grin.com/document/413595

Dominik Ginal

Tourismus als Wirtschaftsfaktor in Deutschland

GRIN Verlag

RWTH   Aachen
21.01.2018

Geographisches Institut

Proseminar Geographie

Wintersemester 2017/2018

Hausarbeit

Tourismus als Wirtschaftsfaktor in Deutschland

1. Semester

Studienfach: B. Sc. Angewandte Geographie

Inhaltsverzeichnis

1. Einleitung

Der Tourismus ist ein wichtiger Faktor für die Wirtschaft und für die Gesellschaft. Einer der Gründe dafür ist die Heterogenität dieser Querschnittsbranche (Neumann/Reuber 2004:52-56). Der Tourismus umfasst nachgefragte Güter und Dienstleistungen vieler verschiedener Branchen, wie zum Beispiel die des Beherbergungsgewerbes, die des Gesundheitswesens oder die des Einzelhandels. Alle übrigen Güter und Dienstleistungen der Branchenfelder, die von dem Tourismus umfasst werden, werden im Folgenden dieser Hausarbeit definiert und erläutert. Des Weiteren ist zu nennen, dass die Bedeutung des Tourismus in den letzten Jahren deutlich an Relevanz dazugewonnen hat. Dies ist die Folge des positiven Wirtschaftswachstums der Bundesrepublik Deutschland, denn dadurch kam es in den letzten Jahren zu einer durchschnittlichen Einkommenserhöhung der deutschen Bürger. Hinzu kommt, dass die arbeitsfreie Zeit zugenommen hat und der Freizeitfaktor in den letzten Jahren für viele Personen eine immer wichtigere Bedeutung bekommen hat. Der Tourismus ist ein wirtschaftlicher Faktor, welcher sich in den letzten Jahren in Deutschland positiv entwickelte (siehe: S. 13). Als Folge des Tourismuswachstums fand eine Spezialisierung statt, sodass es zu neuen Formen des Tourismus kam, wie zum Beispiel dem maritimen- und dem Einkaufstourismus. Auf diese beiden Tourismusformen wird im Folgenden dieser Hausarbeit eingegangen in Bezug auf die bisherigen ökonomischen Entwicklungen des Tourismus in Deutschland. Darüber hinaus wird der ökonomische Einfluss des Tourismus auf die deutsche Gesamtwirtschaft. Außerdem werden die verschiedenen Touristengruppen betrachtet und abgegrenzt und es wird speziell auf den barrierefreien und behindertengerechten Tourismus eingegangen. Vertiefend wird sich mit dem Zusammenhang des demographischen Wandels in Deutschland und dem Tourismus beschäftigt. Insbesondere die ökonomischen Folgen und der aktuelle Stellenwert im deutschen Raum sollen dabei betrachtet werden. Außerdem werden die Zukunftschancen und die Nachhaltigkeit des Tourismus diskutiert und es wird auch auf die Schwächen und Probleme eingegangen, die sich für die Zukunft des Tourismus als Wirtschaftsfaktor in Deutschland ergeben könnten.

2. Begriffsdefinitionen

2.1 Tourismus

„Tourism comprises the activities of persons travelling to and staying in places outside their usual environment for not more than one consecutive year for leisure, business and other purposes not related to the exercise of an activity remunerated from within the place visited." (UNWTO 2011).

Zudem muss eine Unterscheidung zwischen Reisenden und Touristen gemacht werden. Touristen reisen bedingt durch Hauptzwecke. Zu diesen gehören zum Beispiel Privatreisen (Freizeit- und Urlaubsreisen), Geschäftsreisen oder Bildungsaufenthalte. Reisende hingegen reisen nicht für touristische Zwecke. Dazu gehören zum Beispiel Pendler, Flüchtlinge oder Besatzungen von Luftfahrzeugen (Bundesministerium für Wirtschaft und Technologie 2012:18).

2.2 Wirtschaftsfaktor

Durch den Wirtschaftsfaktor wird angegeben, ob und welche Bedeutung beziehungsweise Auswirkungen eine bestimmte Branche oder ein bestimmter Wirtschaftszweig auf die Entwicklung der gesamten Volkswirtschaft hat. In diesem Beispiel werden die Branchen betrachtet, die der Tourismus umfasst, und ihre Auswirkungen auf die gesamte deutsche Volkswirtschaft. Es lässt sich festhalten, dass steigende Investitionen und Ausgaben zu einer höheren Wertschöpfung führen. Ist dies gegeben, ist der betrachtete Faktor ein Wirtschaftsfaktor, da durch Investitionen keine Belastung der Volkswirtschaft entstehen soll (Wirtschaftslexikon 2017).

3. Neuere Tendenzen des Tourismus

3.1 Touristengruppen

Touristengruppen in Deutschland können zunächst in Besucherkategorien eingeteilt werden. In- beziehungsweise Ausländische Touristen werden nach ihrem Hauptwohnsitz unterschieden und nicht nach ihrer Nationalität. Inländische Touristen beteiligten sich an dem touristischen Konsum in Deutschland im Jahre 2015 mit 224,6 Milliarden Euro (78 % des gesamten touristischen Konsums), während sich ausländische Touristen mit vergleichsweise nur mit 39,6 Milliarden Euro (14 %) beteiligten. Dazu hinzuzufügen ist, dass die restlichen 8 % (23 Milliarden Euro) Mieten, die durch touristische Wohnraumnutzung entstanden sind, Zuschüsse durch den Staat für kulturelle Leistungen, und den Kauf von dauerhaften Konsumgütern für die touristische Nutzung umfassen. Insgesamt lag der erwirtschaftete touristische Konsum in Deutschland im Jahre 2015 bei 287, 2 Milliarden Euro (Bundesministerium für Wirtschaft und Energie 2017:8). Zudem können Touristen durch die entsprechende Dauer ihrer Reise in Übernachtungs- oder Tagestouristen unterteilt werden. Eine weitere Möglichkeit die Touristen zu unterscheiden ist die Absicht ihrer Reise. Somit werden die Touristen in Privat- und Geschäftsreisende gegliedert (Bundesministerium für Wirtschaft und Energie 2017:13). Privatreisende trugen zum touristischen Konsum in Deutschland 230,4 Milliarden Euro (80 %) bei, wogegen Geschäftsreisende etwa 56,8 Milliarden zum touristischen Konsum beitrugen (Bundesministerium für Wirtschaft und Energie 2017:8).

3.2 Heterogenität der Tourismusbranche

Die Tourismusbranche ist eine sehr vielfältige. Somit umfasst diese mehrere wirtschaftliche Branchen. Zu diesen gehören unter anderem das Beherbergungsgewerbe, das Gaststättengewerbe oder Transportdienstleister. Diese Wirtschaftsgebiete werden vom Tourismus in unterschiedlichem Umfang erfasst. Ursache hierfür ist, dass ein Gut beziehungsweise eine Dienstleistung erst dann touristisch ist, wenn es/sie durch Touristen gebraucht wird. Daraus folgend ist der Tourismus nachfrageseitig. Zusammengefasst sind touristische wirtschaftliche Güter und Dienstleistungen schwierig von den restlichen nicht-touristischen Gütern und Dienstleistungen zu unterscheiden. Die amtlichen Statistiken umfassen nur die angebotsseitigen Daten, wogegen der Tourismus nachfrageorientiert ist, da, wie bereits erwähnt, ein Produkt erst dann touristisch wird, wenn es von Touristen konsumiert wurde. Folglich wurde eine zusätzliche Statistik erstellt, in der nur die touristisch konsumierten Güter und Dienstleistungen umfasst wurden. Damit diese Statistik vergleichbar mit den amtlichen Statistiken ist, wurden bei der Erhebung der Daten vergleichbare Methoden angewandt, wie zuvor bei den amtlichen Statistiken. Die Tourismusstatistik nennt sich Tourism Sattelite Account (kurz: TSA) und beinhaltet Erhebungen zu den touristischen Aktivitäten in Deutschland (Bundesministerium für Wirtschaft und Technologie 2012:14). Die Wirtschaftsbereiche, die die TSA-Statistik enthält, werden in drei Kategorien unterteilt. Zu diesen zählen International definierte touristische Produkte, für Deutschland spezifische touristische Produkte und Dienstleistungen und alle restlichen Güter und Dienstleistungen (Bundesministerium für Wirtschaft und Technologie 2012:30-32). In der Kategorie International definierte touristische Produkte befinden sich folgende touristischen Produkte: Beherbergungsleistungen, Gaststättenleistungen (Bundesministerium für Wirtschaft und Technologie 2012:30), Eisenbahnleistungen, Straßen- und Nahverkehrsleistungen, Schifffahrtsleistungen, Luftfahrtleistungen, die Vermietung von Kraftfahrzeugen mit einem Gewicht von bis zu 3,5 Tonnen, Reisebüros und Sport, Erholung und Freizeit und Kultur (Bundesministerium für Wirtschaft und Technologie 2012:31). Zu der zweiten Kategorie, die sich „Für Deutschland spezifische Produkte und Dienstleistungen" (Bundesministerium für Wirtschaft und Technologie 2012:32) nennt zählen kommende Produkte: Ausstellungen und Messen, Vorsorge- und Rehakliniken, Lebensmittel, Wohnmobile und Wohnwagen (Bundesministerium für Wirtschaft und Technologie 2012:32), Treibstoff und Fahrräder (Bundesministerium für Wirtschaft und Technologie 2012:33). In der letzten Kategorie „Alle restlichen Güter und Dienstleistungen" Bundesministerium für Wirtschaft und Technologie 2012:33) befinden sich Güter beziehungsweise Dienstleistungen, die noch nicht erwähnt wurden Bundesministerium für Wirtschaft und Technologie 2012:33).

4. Tourismusstandorte in Deutschland

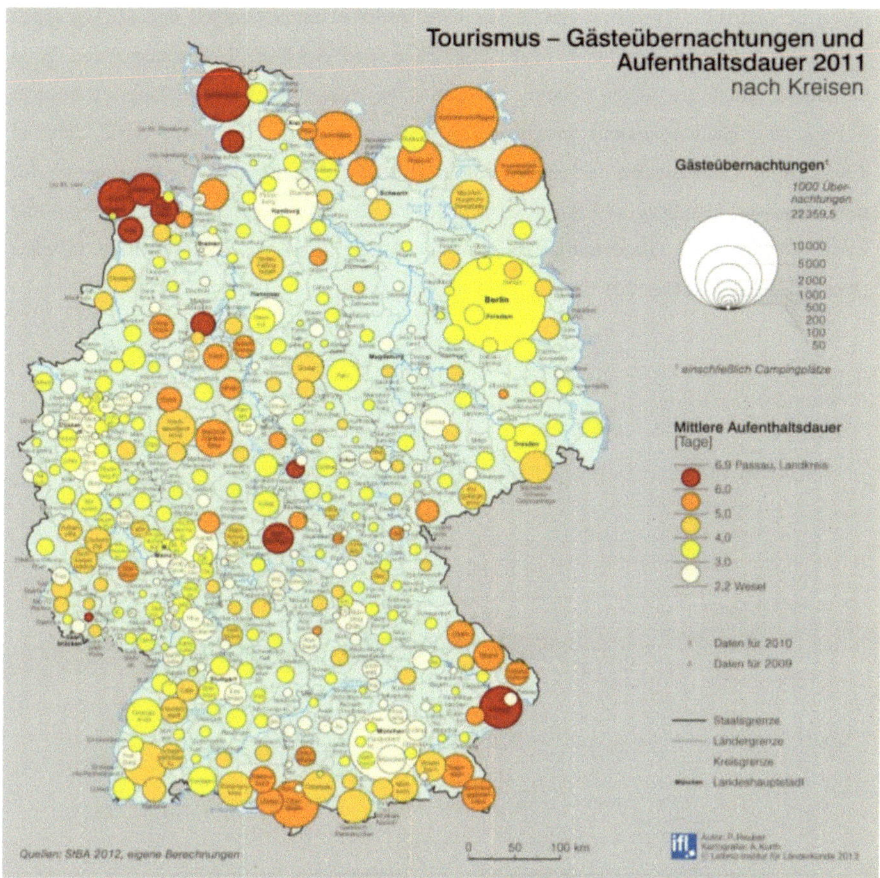

(Abbildung 1) (Reuber 2013:3)

Die Haupttourismusstandorte in Deutschland liegen an der Nord- und an der Ostseeküste als auch in bewaldeten Gebieten, wie zum Beispiel in Waldeck-Frankenberg, sowie in Großstädten, wie zum Beispiel Berlin oder in historischen Städten, wie Passau. Die in der Summe am meisten und durchschnittlich am längsten besuchten Tourismusstandorte befinden sich in an der Nord- und an der Ostseeküste. Für diese Tatsache gibt es mehrere Gründe. Zum einen befinden sich an den Küsten und auf den Inseln mehrere Kurstandorte. Diese werden überwiegend von älteren Personen besucht. Durch die immer älter werdende Bevölkerung (demographischer Wandel) in Deutschland sind die hohen Besucherzahlen dieser Standorte zu rechtfertigen. Zum anderen gibt es in diesen Regionen eine Vielzahl an Strandgebieten bei denen der maritime Tourismus praktiziert wird, welcher einen Großteil der Altersgruppen interessiert und unter diesen als attraktiv angesehen wird. Auch die Tourismusgebiete, die in bewaldeten Regionen liegen gehören zu denen, die durchschnittlich am längsten besucht werden. Der Städtetourismus in Großstädten hingegen zieht zwar eine große Zahl an Touristen an, diese bleiben dort jedoch durchschnittlich am kürzesten. Als Beispiele hierfür sind München, Hamburg und Berlin zu nennen. Der Bereich westlich von Berlin weißt die wenigste Dichte an Gästeübernachtungen und Aufenthaltsdauer von Touristen in ganz Deutschland auf (Reuber 2013:3).

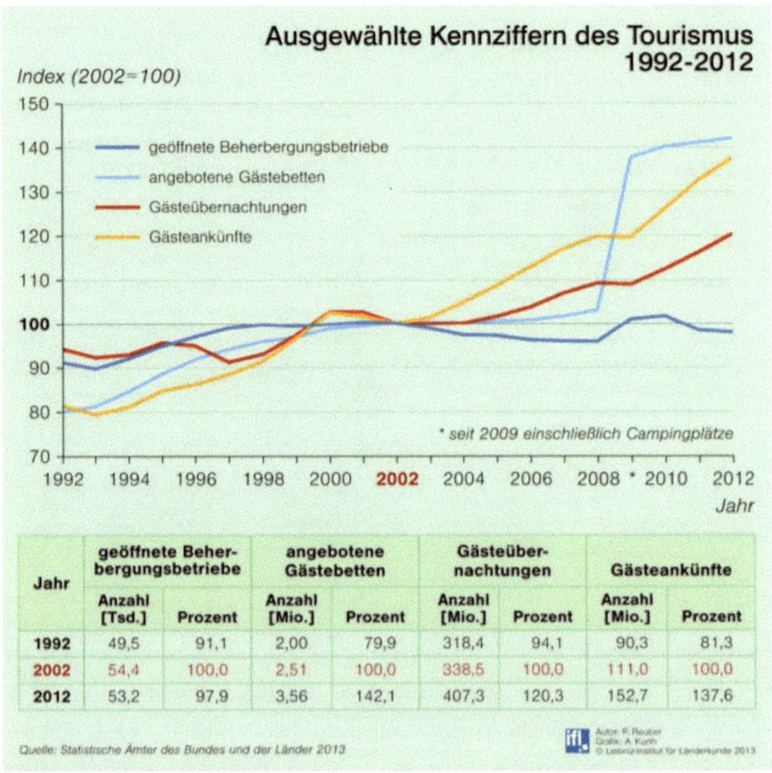

Jahr	geöffnete Beher-bergungsbetriebe		angebotene Gästebetten		Gästeüber-nachtungen		Gästeankünfte	
	Anzahl [Tsd.]	Prozent	Anzahl [Mio.]	Prozent	Anzahl [Mio.]	Prozent	Anzahl [Mio.]	Prozent
1992	49,5	91,1	2,00	79,9	318,4	94,1	90,3	81,3
2002	54,4	100,0	2,51	100,0	338,5	100,0	111,0	100,0
2012	53,2	97,9	3,56	142,1	407,3	120,3	152,7	137,6

(Abbildung 2) (Reuber 2013:4)

Im Allgemeinen sind die Zahlen der Gästeübernachtungen, der Gästeankünfte und der angebotenen Gästebetten seit 2002 deutlich gestiegen. Die Anzahl der Gästebetten konnte vor allem zwischen den Jahren 2008 und 2009 einen hohen Anstieg genießen. Grund hierfür war jedoch zum Teil, dass ab dem Jahr 2009 die Anzahl der angebotenen Gästebetten auf Campingplätzen in die Statistik mit einbezogen wurde. Nur die Zahlen der geöffneten Beherbergungsstätten sind gesunken nachdem diese in den Jahren 2009 und 2010 einen kurzen Aufschwung erlebt hatten (Reuber 2013:4).

5. Entwicklung des Tourismus

5.1 Grenzüberschreitender Einkaufstourismus

Eines der Beispiele, die man auf die bisherige Entwicklung des deutschen Tourismus beziehen kann ist der grenzüberquerende Einkaufstourismus in Norddeutschland, der insbesondere Rügen betrifft und zwischen den Jahren 2002 und 2004 seinen bisherigen ökonomischen Höhepunkt erlebt hatte. Der Begriff Einkaufstourismus lässt sich folgendermaßen definieren:

„Die Gesamtheit aller Beziehungen und Erscheinungen, die sich während der Reise und dem Aufenthalt von Personen in einem Land, das nicht ihr Heimatland ist, für die der Aufenthaltsort weder hauptsächlicher noch dauernder Wohnort noch Arbeitsort ist, vorgenommenen Aktivitäten zum vorrangigen Zweck des versorgungsorientierten Einkaufs von Gütern für den Privatgebrauch ergeben." (Widmann 2006 zit. in Sommer 2010:1).

Bei speziell diesem grenzüberschreitenden Einkaufstourismus kommen Bürger aus dem skandinavischen Raum nach Norddeutschland, meist nur für einen Tagesaufenthalt, um dort größtenteils alkoholische Getränke zu einem günstigeren Preis zu erwerben, als in ihrem Heimatland. Diese Preisdifferenzen bei dem Kauf von bestimmten Gütern beziehungsweise Dienstleistungen sind der Hauptgrund für den grenzüberquerenden Tourismus. Als Beispiel hierfür ist zu nennen, dass in Schweden der Preis für eine Dose Bier, durch die dort hohen Alkohol- und Mehrwertsteuern, das Dreifache des deutschen Preises für das gleiche Produkt entspricht. Die einflussreichsten Quellregionen bei diesem Exempel des Einkaufstourismus sind Dänemark, Finnland und Schweden, wobei Schweden sich als wesentlichste dieser Regionen herausstellt (Sommer 2010:1). Im Folgenden wird der Umsatzvergleich der Jahre 2004 bis 2006 des „Scandlines-Bordershops" auf der deutschen Insel Fehmarn betrachtet. Dieser ist insofern relevant, dass er direkt mit einer Fähre von dem schwedischen Festland aus zu erreichen ist und, dass im Jahr 2004 66 % der circa 2 Millionen Kunden aus Schweden kamen (Sommer 2010:6).

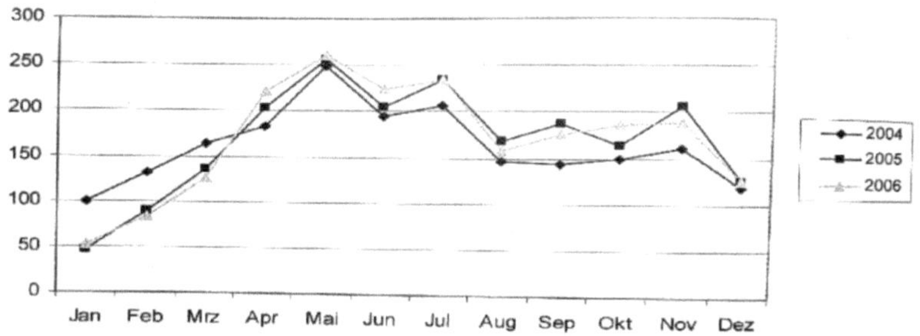

Abb. 1: Saisonale Umsatzentwicklung „Scandlines-Bordershop" 2004 – 2006 (Quelle: SCAND-LINES CATERING GMBH 2007)

(Angaben auf der Y-Achse in Tausend) (Abbildung 3) (Sommer 2010:6)

Ein viel besuchtes Reiseziel der grenzüberschreitenden Einkaufstouristen ist die Insel Rügen (Sommer 2010:2). Rügen ist einer der wichtigsten Tourismusstandorte in ganz Deutschland. Zwischen den Jahren 2003 und 2004 hatte der Tourismus in Rügen seinen Höhepunkt (Sommer 2010:5). Wie bereits erwähnt geht der Großteil der Einkaufstouristen auf eine eintägige Reise. Dies trifft auch auf die Mehrheit der Einkaufstouristen zu, die sich auf die Insel Rügen begeben. In dem Ort Bergen, der sich auf der Insel Rügen befindet, sind zwei umsatzstarke Vollwarenhäuser stationiert. Diese sind „Real" und „Famila" (Scheibe 2010:4). Das Vollwarenhaus Real hat sich besonders an die schwedischen Einkaufstouristen angepasst. Somit können diese dort mit schwedischen Kronen bezahlen und es gibt die Möglichkeit der Nichtzahlung des Pfandes, was für die schwedischen Touristen ein attraktiver Faktor ist. Im Jahr 2004 haben die Einkaufstouristen dort einen Anteil von 15 % bis 20 % des Umsatzes ausgemacht (Sommer 2010:4). Außerdem gab es im Jahre 2006 46.000 bis 160.000 Einkauftouristen auf der Insel Rügen (Sommer 2010:6). Die Mehrheit der Einkaufstouristen kommt, wie bereits erwähnt, aus Schweden, wo sich die Insel Rügen das Image eines „Einkaufs Paradises" erarbeitet hat (Sommer 2010:9). Die durchschnittlichen Gesamtausgaben der schwedischen Einkaufstouristen kann man in folgender Abbildung betrachten, getrennt in Touristen, die mit dem PKW beziehungsweise mit dem Bus angereist sind.

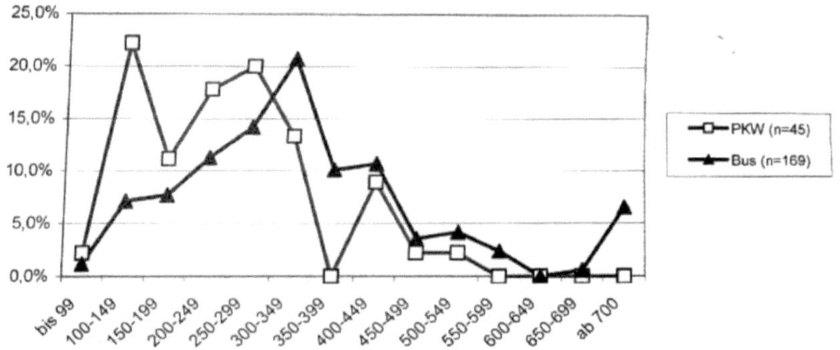

Abb. 2: Gesamtausgaben der PKW- und Bustouristen nach Klassen (Quelle: eigene Erhebung 2007)

(Sommer 2010:10) (Abbildung 4)

Des Weiteren haben sich folgende zusätzliche ökonomische Effekte für die Insel Rügen ergeben. Durch Schätzungen und Befragungsergebnisse hat sich herausgestellt, dass durch den grenzüberschreitenden Einkaufstourismus im Einzelhandel der Insel durchschnittlich 13 bis 20 Millionen Euro erwirtschaftet werden konnten. Dies betrifft jedoch nicht die lokale Wirtschaft, da die im Einzelhandel verkauften Produkte nicht auf der Insel produziert wurden. Außerdem wurden im Jahre 2006 circa 100 Arbeitsplätze auf der Insel durch den Einkaufstourismus geschaffen, was 0,5 % der sozialversicherungspflichtigen Beschäftigten auf der Insel entsprach (Sommer 2010:11). Im Jahre 2008 wurde ein Rückgang der Touristenzahlen festgestellt. Ursachen hierfür sind, dass allgemeine touristische Bereiche vernachlässigt wurden und zu einem großen Teil nur alkoholische Getränke der Hauptgrund für den Einkaufstourismus waren. Weitere deutsche Angebote des Dienstleistungsbereichs, wie zum Beispiel die des Friseurs, scheiterten jedoch an der Sprachhürde. Darüber hinaus wurden die Busverbindungen von Schweden nach Deutschland gekürzt wovon der Einzelhandel stark abhängig war. Somit gingen im Endeffekt die Einkäuferzahlen zurück (Sommer 2010:13).

5.2 Maritimer Tourismus in Mecklenburg-Vorpommern:

Der maritime Tourismus beschäftigt sich vorwiegend mit touristischen Aktivitäten in naturbelassenen Landschaften, die eine Nähe zu Gewässern vorweisen können. In Mecklenburg-Vorpommern wird die Möglichkeit angeboten in sogenannten „schwimmenden

Häusern" zu wohnen (Krüger 2010:97). Für den maritimen Tourismus ist folgende allgemeine Definition zu nennen:

„Der maritime Tourismus, als Teil des wasserbezogenen Tourismus, umfasst alle Tourismusformen, die auf die maritime Umgebung orientiert sind. Darunter fallen alle Tourismusangebote, in denen das offene Meer, Küstengewässer, Seen, Flüsse und Kanäle die natürlichen Grundvoraussetzungen für Tourismusaktivitäten darstellen [...]" (Wirtschaftsministerium 2000:5 zit. in Krüger 2010:103).

Der Trend für den Besuch solcher maritimen Tourismusstandorte in Mecklenburg-Vorpommern ist in den letzten Jahren positiv angestiegen. Ursache hierfür ist, dass die Küste und das Meer von vielen Menschen als eine anziehende Landschaft erachtet wird. Dies kann man auch am maritimen Tourismus in anderen Ländern erkennen, wie zum Beispiel auf der spanischen Insel Mallorca, die bei deutschen Touristen einen hohen Beliebtheitsgrad hat. Dort ist ein harter Tourismus aufzufinden, was bedeutet, dass dort ein Großteil der Landschaft an das Tourismuswesen angepasst wurde und nur noch ein Teil der Landschaften eher landschaftsbelassen geblieben ist. Der maritime Tourismus in Mecklenburg-Vorpommern wird hingegen als sanfter Tourismus umworben, da es sich dort größtenteils um eine unberührte Landschaft handeln soll und dort überwiegend erhaltene Küstenlandschaften vorzufinden sein sollen. Diese Aussage ist jedoch nicht richtig, denn, um in den schwimmenden Häusern die Anschlüsse möglich zu machen, die man in normalen Häusern auch vorfindet, wurden Eingriffe in die Landschaft vorgenommen, um zum Beispiel Strom- oder auch Wasserleitungen zu verlegen. Somit handelt es sich bei dem maritimen Tourismus in den schwimmenden Häusern nicht um einen sanften Tourismus. Bei dem Bau der schwimmenden Häuser in Mecklenburg-Vorpommern kommt es nun zu der Herausforderung diesen Häuserbau für den Übernachtungstourismus in Einklang mit dem Naturschutz zu bringen, da die überwiegend erhaltende Landschaft sehr attraktiv für die Touristen ist, die dorthin reisen, um ihren Urlaub zu verbringen (Krüger 2010:97). Zu den schwimmenden Häusern ist zu sagen, dass sie nach einer typischen Hauskonstruktion gebaut werden, aber anderes Baumaterial als herkömmliche Häuser aufweisen. Des Weiteren werden diese auf einem Ponton errichtet (Krüger 2010:98). Außerdem dienen die schwimmenden Häuser dem ganzjährigen Wohnen und sind nicht nur für die saisonale Nutzung bestimmt, was wiederum gegen den sanften Tourismus spricht (Krüger 2010:98). Dazu zu sagen ist, dass die Häuser sich in der Nähe vom Ufer im Wasser befinden und durch den Steg mit dem Ufer verbunden sind (Krüger 2010:99). In der nachfolgenden Abbildung sind die Hauptstandorte dieser schwimmenden Häuser zu erkennen.

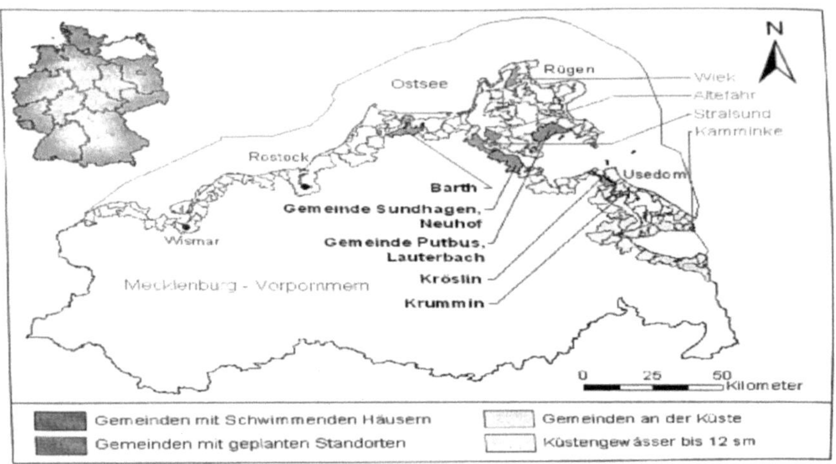

Abb. 2: Standorte an Mecklenburg-Vorpommerns Küste (Stand: Juli 2009)
(Kartengrundlage: Institut für Geographie 2009, eigene Darstellung)

(Institut für Geographie 2009, zit. in Krüger 2010:100) (Abbildung 5)

Da die schwimmenden Häuser meist in der Nähe von einem Hafen liegen und die Touristen die Hafenumgebung besuchen, um dort den Gastronomiebereich oder den lokalen Einzelhandel zu besuchen, wird somit zusätzlicher Umsatz generiert. Daraus folgt, dass auch die umliegende Region der schwimmenden Häuser einen wirtschaftlichen Aufschwung erlebt (Krüger 2010:104). Die Touristenherkunft beschränkt sich auf inländische Touristen aus den Bundesländern Mecklenburg-Vorpommern, Hamburg, Niedersachsen, Berlin, Schleswig-Holstein und Nordrhein-Westfalen (Krüger 2010:105). Ein weiterer positiver Faktor für die Tourismuswirtschaft ist, dass die Hauptsaison verlängert wird, sodass die Besucherzahlen auch nach dieser hoch bleiben und somit Defizite in der Nebensaison ausgeglichen werden. Folglich wird sowohl die Infrastruktur der Häfen als auch die der Umgebungsregion besser ausgelastet (Krüger 2010:110). Zwischen den Jahren 2000 und 2010 hat sich der Tourismus in dem Bundesland Mecklenburg-Vorpommern in positiv entwickelt. Des Weiteren wurden durch den Tourismus im Jahr 2004 in Mecklenburg-Vorpommern 7,4 % des gesamten Volkseinkommens erwirtschaftet (Wirtschaftsministerium MV 2004:20 zit. in Rulle/Schüle 2007:1). Folglich steuerte der Tourismus einen immer höher werdenden Anteil zum Bruttoinlandsprodukt des Bundeslandes bei und in Mecklenburg-Vorpommern entwickelte sich die höchste Tourismusintensität verglichen mit allen anderen deutschen Bundesländern.

Außerdem besteht in den Sommermonaten die Möglichkeit auf einen Strandurlaub, was ein weiterer positiver Faktor für das Touristenzahlenwachstum in diesem Bundesland darstellt (Krüger 2010:103).

5.3 Barrierefreier Tourismus

Der Barrierefreie Tourismus ist ein behindertengerechter Tourismus, der an Menschen mit Mobilitätseinschränkungen oder geistigen Behinderungen angepasst ist. Vor dem Beginn der Reise ist die Organisation von großer Bedeutung. Diese bringt bei Menschen mit Mobilitätseinschränkungen einen großen Aufwand mit sich. Dieser entsteht durch den hohen Rechercheaufwand nach Unterkünften mit barrierefreien Zugangs- und Übernachtungsmöglichkeiten. Besonders relevant ist die Suche nach einer barrierefreien Urlaubsmöglichkeit bei Kultur-, Städte-, Studien-, und Wellnessreisen. Oftmals buchen die betroffenen durch Empfehlungen von Bekannten (28,4 %) oder über einen Reisekatalog (25,5 %). In Reisebüros werden 23,1 % der Reisen gebucht und lediglich 22,4 % greifen auf einen spezialisierten Reisekatalog zurück. Ein neuer Sub-Markt entstand als immer häufiger Publikationen und Datenbänke für behindertengerechte Reisen erstellt wurden (Neumann/Reuber et al. 2004:35).

„Die Tourismusbranche ist keine klar abzusteckende Branche in produktionsseitigen Sinne. Zwar gibt es einige Bereiche, wie das Hotel- und Gaststättengewerbe und Teile des Verkehrswesens, die als tourismusnah eingestuft werden können, doch selbst in diesen Branchen ist von einem touristischen Umsatz von nur 60 % bis 65 % auszugehen." (Neumann/Reuber et al. 2004:52).

Die Tourismusbranche lässt sich somit als Querschnittsbranche bezeichnen, da auch Dienstleister und Einzelhandel profitieren. Die folgenden Hochrechnungen sind die erste adäquate Grundlage, da keine Gesamtbefragung aller Behinderten stattfand. Im Jahr 2001 gab es 6,71 Millionen Schwebehinderte, die Reiseintensität lag bei 54,3 %, somit gab es 3,64 Millionen Reisende. Da durchschnittlich insgesamt 1,3 Reisen pro Kopf getätigt werden, erhält man 4,74 Millionen Urlaubsreisen pro Jahr. Davon werden 41,2 % in Deutschland getätigt. Folglich kommt man in Deutschland auf 27,1 Millionen Reisetage, da pro Kopf eine Reisedauer von circa 13,9 Tagen besteht. Darüber hinaus erhält man einen Gesamtnettoumsatz von 1,57 Milliarden Euro. In der Branche der Kurzurlauber besteht bei den 6,71 Millionen Schwerbehinderten eine Reiseintensität von 32,3 %, wodurch eine Summe von 2,18 Millionen Reisen pro Jahr festgestellt werden kann. Dabei werden 86,4 % der

Urlauber mit einer Dauer von 3,39 Tagen in Deutschland verbracht. Der Nettoumsatz beträgt somit bei den Kurzurlaubern 930 Millionen Euro. Addiert man nun den Umsatz der Reisenden mit Behinderung erhält man 2,5 Milliarden Euro pro Jahr. 39 % des Umsatzes geht an die Unterkünfte am Urlaubsort. An zweiter Stelle erhalten die Dienstleistungsunternehmen 14 %. Darauffolgend stellt der Einzelhandel mit 13% den dritten Platz dar. 7 % gehen an Freizeit und 3 % an Infrastruktur und Mobilität. Die einzelnen Branchen entscheiden dabei selber, wie sie die Einnahmen in Löhne, Vorleistungen und Neuinvestitionen aufteilen. Generell lässt sich eine Wertschöpfungsquote von 42 % aufzeigen. Der Behindertentourismus schafft insgesamt 65.000 Vollzeitarbeitsplätze, wobei im Jahre 2001 ein Lohn von 22.500 € pro Vollbeschäftigung ausgezahlt wird. Der Anteil des barrierefreien Tourismus am Volkseinkommen liegt bei 0,1 % (Harrer et al. 2002 zit. in Neumann/Reuber et al. 2004:52-56).

6. Ökonomische Effekte der Tourismuswirtschaft

Durch die Heterogenität der Tourismusbranche umfasst diese, wie bereits erwähnt, eine große Anzahl an Wirtschaftsbranchen. Die Gaststätten beteiligten sich mit 17,8 % im Jahre 2015 am meisten an den im Jahre 2015 erwirtschafteten touristischen Konsums in Deutschland (287,2 Milliarden Euro). An zweiter Stelle mit 17,3 % lagen Ausgaben für bestimmte sonstige Güter („Shopping") (Bundesministerium für Wirtschaft und Technologie 2017:8). Darauf folgten die herkömmlichen Beherbergungsleistungen mit 12,5 %, Luftfahrtleistungen mit 7,6 %, Treibstoff mit 7,2 % und die Ausgaben für Sport, Erholung, Freizeit und Kultur mit 7,1 %. Darüber hinaus wurde im Jahre 2015 eine direkte Bruttowertschöpfung von 105,3 Milliarden Euro erzielt, was 3,9 % der gesamten Bruttowertschöpfung in Deutschland entsprach (Bundesministerium für Wirtschaft und Technologie 2017:8). Dahingegen betrug die direkte Bruttowertschöpfung in Deutschland durch die Tourismuswirtschaft im Jahre 2010 97 Milliarden Euro. Somit ist zwischen den Jahren 2010 und 2015 ein nominaler Anstieg der Bruttowertschöpfung um 8,5 % oder 8,2 Milliarden Euro zu vermerken. Die Bruttowertschöpfung beschreibt den Gesamtwert der in der Produktion erzeugten Güter und Dienstleistungen, abgezogen von den in der Produktion verbrauchten/verarbeiteten importierten Güter und Dienstleistungen (DESTATIS 2017). Auch der zuvor genannte touristische Konsum hat zwischen den Jahren 2010 und 2015 einen Zuwachs von 3,2 % beziehungsweise 8,9 Milliarden Euro erhalten (Bundesministerium für Wirtschaft und Technologie 2017:9). Des Weiteren umfasste die Tourismusbranche im Jahre 2015 einen Gesamtbeschäftigtenanteil in Deutschland von 6,8 % (2,92 Millionen Erwerbstätige). Im Jahre 2010 waren es 2,86 Millionen Erwerbstätige, die in der Tourismusbranche arbeiteten (7 % der gesamten Erwerbstätigen in Deutschland) ((Bundesministerium für Wirtschaft und Technologie 2017:9). Dies zeigt, dass die absoluten Zahlen der Erwerbstätigen in Deutschland stärker als in der Tourismusbranche angestiegen sind und es somit zu einem relativen negativen Wachstum des Anteils an den Gesamtbeschäftigten kam.

7. Zukunftsperspektiven für die deutsche Tourismuswirtschaft

Bereits an dem touristischen Inlandskonsum in Deutschland konnte eine positive wirtschaftliche Entwicklung festgestellt werden. Auch durch andere Daten, die positiv zugenommen haben, wie zum Beispiel die Touristenzahlen in Deutschland kann auch in der Zukunft ein positiver Trend prognostiziert werden. Was diese positive Zukunftsprognose in Deutschland jedoch verändern könnte ist zum Teil der Faktor des Terrorismus, der viele Touristen dazu bewegt sich nicht in potentiell gefährdete Gebiete zu bewegen. Im Folgenden wird die Zukunft der deutschen Terrorismuswirtschaft diskutiert. Durch den wachsenden Mittelstand in Deutschland und dem daraus resultierenden Anstieg an Flug-, Fahrzeug-, Zug- und sonstigem Verkehr, entwickelt sich die Mobilitätsbranche zu einem der in Zukunft entscheidenden Faktoren der Tourismusbranchen. Außerdem wird der Nahurlaub immer attraktiver. Im Jahre 2010 verbrachte jeder dritte deutsche Tourist seinen Urlaub im Inland. Trotz der großen Auswahl der europäischen Konkurrenz, und der auf anderen Kontinenten, wir erwarten, dass bis 2020 weiterhin jeder vierte Deutsche den Urlaub im eigenen Land verbringen will. In den herankommenden Jahren wird die Organisationsbranche des Tourismus stark expandieren, da immer mehr Menschen den Massentourismus (harten Tourismus) meiden und sich für einen ruhigeren Standort entscheiden. Zudem wird immer mehr Menschen bewusst, dass durch das starke Reiseaufkommen und durch Fernreisen schwerwiegende Folgen für das Ökosystem entstehen können. Somit entwickelt sich eine umweltbewusste Denkweise der Menschen und eine stärkere Tendenz zu einem Urlaub im Inland. Dadurch steigt ebenfalls der Tourismusinlandskonsum in Deutschland. Diese Entwicklung wurde durch den deutschen Tourismusverband bestätigt, da 2010 86 Millionen Kurzurlaubsreisen getätigt wurden. Dies ist eine Steigerung von nahezu 40 %, wenn man die Zahlen mit denen des Jahres 2002 vergleicht. In ihrer Haupturlaubsreise verbrachten die Menschen 1983 noch 17,4 Tage, während 2010 der Zeitraum der Hauptreise lediglich 13,2 Tage betrug. Hierbei ist zusätzlich ein Abwärtstrend des durchschnittlichen Hauptreisezeitraumes zu erkennen, was für einen Zuwachs an Kurzreiseaktivitäten spricht. Städtereisen gewinnen laut einer Studie der Forschungsgemeinschaft aus dem Jahre 2011 immer mehr an Bedeutung. Für 50 % der deutschen Bevölkerung soll in den nächsten drei Jahren eine Städtereise in Frage kommen. Im Vergleich zu dem Jahr 2002 ist dies eine Steigerung von 23 %. Der in Deutschland steigende Städtetourismus hat zur Folge, dass die beliebten Städtestandorte für diese Art des Tourismus für eine bessere Mobilität der Bürger sorgen sollen, da wie bereits erwähnt die Mobilitätsbranche im Tourismus eine immer weiter ansteigende Wichtigkeit genießt (Volk et al. 2011 zit. in ZUKUNFTSINSTITUT).

<u>**8. Schlussfolgerungen/Zusammenfassung**</u>

Es lässt sich zusammenfassend erschließen, dass der Tourismus eine positive Auswirkung auf die deutsche Volkswirtschaft hat, obwohl es noch teilweise Probleme mit diesem gibt (siehe: Zukunftsperspektiven für den Tourismus in Deutschland) Zudem entstehen immer weitere Tourismusformen, die die Tourismusbranche bereichern. Dies bewirkt wiederum eine positive Konsequenz auf die deutsche touristische Entwicklung. Des Weiteren hat die Tourismusbranche einen hohen Anteil an der deutschen Gesamtwirtschaft, da diese eine Querschnittsbranche ist und somit mehrere Wirtschaftszweige umfasst, wie zum Beispiel Dienstleistungsunternehmen, wie das Gaststättengewerbe oder den öffentlichen Nahverkehr. Dies ist unter anderem daran zu erkennen, dass der touristische Inlandskonsum in Deutschland zwischen den Jahren 2007 und 2015 einen hohen Anstieg genossen hat. Zudem tendiert eine immer höher werdende Anzahl an deutschen Touristen dazu ihren Urlaub im Inland zu verbringen. Durch die in Deutschland stetig steigende Mittelschicht kommt es außerdem zu immer mehr potenziellen Urlaubern. Auch Menschen, die körperlich beziehungsweise geistig eingeschränkt sind haben viele Möglichkeiten in Deutschland eine Urlaubsreise anzutreten, da sich der barrierefreie Tourismus in Deutschland immer weiter integriert und somit mehr potenzielle Urlauber an diesem teilnehmen können. Insgesamt kann eine positive Prognose der wirtschaftlichen Entwicklung getroffen werden. Man kann jedoch bestimmte Einflüsse, wie zum Beispiel terroristische Anschläge in Deutschland nicht steuern, die das Wachstum des Tourismus beeinflussen könnten. Folglich ist eine exakte Prognose durch die Variabilität der Tourismusentwicklung nie genau zu treffen.

<u>**9. Abbildungsverzeichnis**</u>

Abbildung 1 (S.6) und Abbildung 2 (S.7):

Reuber, P. (2013): Tourismus in Deutschland. Abgerufen am 05.01.2018: http://aktuell.nationalatlas.de/wp-content/uploads/13_09_Tourismus.pdf

Abbildung 3 (S.9):

Sommer, S. (2010): Grenzüberschreitender Einkaufstourismus von Schweden nach Deutschland - Eine Untersuchung am Fallbeispiel Rügen. In: Scheibe, R. (Hrsg.) (2010): Aktuelle Entwicklungen im Tourismus, S. 6

Abbildung 4 (S.10):

Sommer, S. (2010): Grenzüberschreitender Einkaufstourismus von Schweden nach Deutschland - Eine Untersuchung am Fallbeispiel Rügen. In: Scheibe, R. (Hrsg.) (2010): Aktuelle Entwicklungen im Tourismus, S. 10

Abbildung 5: (S.12):

Krüger, E. (2010): Grenzüberschreitender Einkaufstourismus von Schweden nach Deutschland - Eine Untersuchung am Fallbeispiel Rügen. In: Scheibe, R. (Hrsg.) (2010): Aktuelle Entwicklungen im Tourismus, S. 100

10. Literaturverzeichnis

Bundesministerium für Wirtschaft und Energie (BMWi) (2017): Wirtschaftsfaktor Tourismus in Deutschland, Kennzahlen einer umsatzstarken Querschnittsbranche. abgerufen am 11.11.2017: https://www.bmwi.de/Redaktion/DE/Publikationen/Tourismus/wirtschaftsfaktor-tourismus-in-deutschland-lang.pdf?__blob=publicationFile&v=16

Bundesministerium für Wirtschaft und Energie (BMWi) (2012): Wirtschaftsfaktor Tourismus in Deutschland, Kennzahlen einer umsatzstarken Querschnittsbranche. abgerufen am 11.11.2017: https://www.bmwi.de/Redaktion/DE/Publikationen/Tourismus/wirtschaftsfaktor-tourismus-deutschland.pdf?__blob=publicationFile&v=3

DESTATIS, Statistisches Bundesamt (2017): Bruttowertschöpfung. abgerufen am 20.11.2017:
https://www.destatis.de/DE/ZahlenFakten/GesamtwirtschaftUmwelt/VGR/Glossar/Bruttowertschoepfung.html

Krüger, E. (2010): Grenzüberschreitender Einkaufstourismus von Schweden nach Deutschland - Eine Untersuchung am Fallbeispiel Rügen. In: Scheibe, R. (Hrsg.) (2010): Aktuelle Entwicklungen im Tourismus, S. 97-110

Neumann, P./Reuber P. (Hrsg.) (2004): Ökonomische Impulse eines barrierefreien Tourismus für Alle, S. 35, 52-56

Reuber, P. (2013): Tourismus in Deutschland. Abgerufen am 05.01.2018: http://aktuell.nationalatlas.de/wp-content/uploads/13_09_Tourismus.pdf

Rulle, M./Schüle, F. (2007): FischTour MV - Ein Beitrag zur wirtschaftlichen Entwicklung maritimer Branchen in Mecklenburg-Vorpommern. In: Scheibe, R. (Hrsg.) (2007): Wassertourismus in Mecklenburg-Vorpommern, S. 1

Schödl, D. C./Troeger-Weiß G. (Hrsg.) (2006): ''Active Regions and Sustainable Tourism'': Prospects of Transnational Cooperation in Tourism, S. 52-96

Sommer, S. (2010): Grenzüberschreitender Einkaufstourismus von Schweden nach Deutschland - Eine Untersuchung am Fallbeispiel Rügen. In: Scheibe, R. (Hrsg.) (2010): Aktuelle Entwicklungen im Tourismus, S. 1-13

UNWTO, The World Tourism Organisation (2011): ''Tourism Sattelite Account – Why do we have it and what does it do?''. abgerufen am 05.01.2018: http://statistics.unwto.org/sites/all/files/pdf/unwto_tsa_1.pdf

Wirtschaftslexikon (2017): Wirtschaftsfaktor. abgerufen am 20.11.2017: http://www.wirtschaftslexikon.co/d/wirtschaftsfaktor/wirtschaftsfaktor.htm

zukunftsInstitut (2017): Leisure Travel: Tourismus der Zukunft. abgerufen am 16.11.2017: https://www.zukunftsinstitut.de/artikel/tourismus/leisure-travel-tourismus-der-zukunft/